Flore adventice et production de patate douce : inventaire, espèces nuisibles et gestion de l'enherbement dans les bas-fonds d'Anyama

MANGARA Ali, Maitre de recherche à l'université Nangui Abrogoua (Côte d'Ivoire)

BAMBA Moussa, Professeur de SVT au collège Moderne de Ahougnanfoutou (Côte d'Ivoire)

Éditeur: Upway Books
Auteur: MANGARA Ali, BAMBA Moussa
Titre: Flore adventice et production de patate douce : inventaire, espèces nuisibles et gestion de l'enherbement dans les bas-fonds d'Anyama
ISBN: 978-1-917916-97-4
Couverture réalisée sur: www.canva.com

contact@upwaybooks.com
www.upwaybooks.com

PREFACE

La patate douce (*Ipomoea batatas* (L.)) occupe une place stratégique dans les systèmes de production des zones tropicales et subtropicales, tant par sa valeur nutritionnelle que par sa capacité d'adaptation à des environnements variés. Dans les régions de bas-fonds, caractérisées par une disponibilité hydrique élevée et une fertilité naturelle souvent favorable, cette culture constitue une source importante de sécurité alimentaire et de revenus pour les producteurs.

Cependant, ces mêmes conditions écologiques qui favorisent la croissance de la patate douce créent également un environnement particulièrement propice au développement des adventices. En bas-fonds, la flore nuisible se caractérise par une forte diversité spécifique et une croissance rapide, rendant la gestion des mauvaises herbes complexe. La concurrence exercée par les adventices pour l'eau, les éléments minéraux, la lumière et l'espace, peut entraîner des pertes de rendement significatives, en particulier durant les premiers stades de développement de la culture.

Malgré l'importance de cette problématique, les informations relatives aux adventices associées à la culture de la patate douce en bas-fonds demeurent relativement limitées. Le présent ouvrage se propose d'identifier les adventices majeures de ces bas-fonds en culture de patate douce, de décrire leurs principales caractéristiques et de proposer des méthodes de gestion adaptées à l'enherbement dans ces milieux.

L'ouvrage aborde les principes et les méthodes de gestion des adventices en mettant l'accent sur des stratégies adaptées aux contraintes spécifiques des bas-fonds. La gestion y est envisagée de manière raisonnée, combinant des pratiques culturales, des interventions mécaniques et, lorsque nécessaire, des approches chimiques, tout en tenant compte des enjeux environnementaux et de la durabilité des systèmes de production. Cette démarche vise à dépasser la simple lutte curative afin de promouvoir une gestion intégrée des adventices, fondée sur la compréhension de la dynamique de la flore nuisible.

LISTE DES SIGLES ET ABREVIATIONS

A/D : Abondance-dominance
CEDEAO : Communauté Economique des Etats de l'Afrique de l'Ouest
Cs : Coefficient de similitude
CsF : Contribution spécifique
FAO : Organisation des Nations Unies pour l'alimentation et l'agriculture
FAOSTAT : Base de données statistiques de la FAO
Fc : Fréquence centésimale
Idg : Indice de diversité générique
INS : Institut National de la Statistique
TB : Type biologique

TABLE DES MATIERES

LISTE DES FIGURES

LISTE DES TABLEAUX

Chapitre 1 : La patate douce dans les bas-fonds d'Anyama, importance, enjeux et contraintes

1.1. Importance alimentaire et économique de la patate douce

La patate douce de nom scientifique *Ipomoea batatas* L. (Figure 1) est l'une des plantes à tubercules alimentaires les plus cultivées dans le monde. Elle représente la septième culture la plus importante à l'échelle mondiale, avec une production mondiale estimée à plus de 86 millions de tonnes. En Afrique, elle occupe la troisième place parmi les plantes à racines et tubercules, après le manioc et l'igname (FAOSTAT, 2022).

En Côte d'Ivoire, cette spéculation est présente dans toutes les régions, à la fois pour l'alimentation et comme source de revenus pour les populations (Dibi *et al.*, 2017). Sa production annuelle, essentiellement autoconsommée, est estimée à 58 701 tonnes (FAOSTAT, 2022). Parmi les zones de production, la commune d'Anyama se distingue par un biotope favorable, susceptible d'optimiser sa production, notamment dans les zones de bas-fonds. En effet, cette culture représente 46 % de la production des cultures maraîchères de cette zone (Bosso *et al.*, 2020).

A Anyama, la patate douce est généralement cultivée en planche dans les bas-fonds et par multiplication végétative (Figure 2). Elle joue un rôle important dans la vie socio-économique des populations. En effet, principalement cultivée par les femmes pour ses feuilles, elle contribue à l'amélioration de la sécurité alimentaire, la croissance économique, la lutte contre la pauvreté par la création d'emplois, ainsi qu'à l'amélioration du cadre de vie sociale des populations.

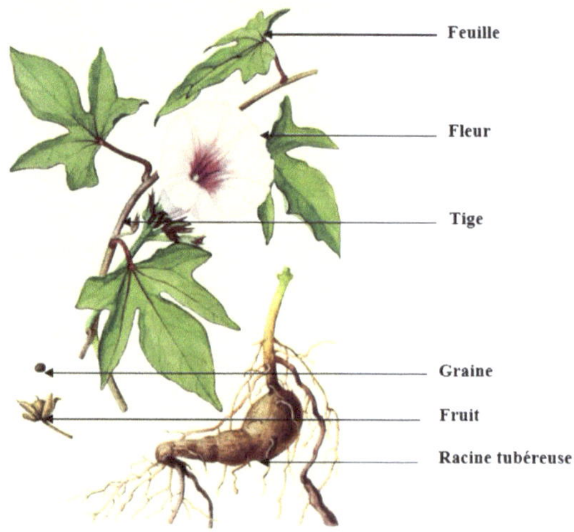

Figure 1 : Différentes parties d'un plant de patate douce (Anonyme 1, 2012)

Figure 2 : Mise en place d'une culture de patate douce à Anyama

1.2. Valeur nutritionnelle

La patate douce est une plante contenant plusieurs composés bénéfiques tel que la vitamine B6, la vitamine B2, la vitamine C, le cuivre et le manganèse. Les variétés à chair colorée contiennent une grande quantité de bêta-carotène précurseur de la vitamine A. En effet, plus les feuilles sont foncées, plus elles contiennent de vitamine A. Elles sont riches en fibres et aideraient ainsi à prévenir certains types de cancer (Jin *et al.*, 2007).
Les feuilles de patate douce contiennent plus de protéines, bêta-carotène, calcium, phosphore, fer et vitamine C que l'épinard et fournissent plus d'éléments nutritifs que le chou (Dibi *et al.*, 2015). Elles contiennent également des composés phénoliques et des anthocyanines. La FAO classe les feuilles de la patate douce comme un des dix principaux légumes antioxydants d'Asie.

1.3. Bas-fonds : atouts et contraintes agroécologiques

Les bas-fonds, tels qu'illustrés à la Figure 3, en région intertropicale, sont définis comme des fonds plats ou concaves des petites vallées et gouttières d'écoulement inondables, qui constituent des axes de convergence préférentielle des eaux de surface, des écoulements hypodermiques et des nappes phréatiques (Raunet, 1985). En Côte d'Ivoire, les bas-fonds, quels que soient leur niveau d'aménagement, ont toujours servi à la pratique agricole (Konan, 2017). Cette agriculture sert dans la majorité des cas à l'autoconsommation et assure de plus en plus le ravitaillement des marchés des villes et leurs alentours. Dans la commune d'Anyama, les bas-fonds constituent un élément important du paysage et sont utilisés pour la mise en place de cultures maraîchères, notamment la patate douce.
Aujourd'hui, face à la croissance démographique galopante de la Côte d'Ivoire, l'Etat doit relever le défi de la sécurité alimentaire et nutritionnelle. Ainsi, l'agriculture urbaine peut être perçue comme une solution pour faire face aux enjeux urbains contemporains (Wegmuller et Duchemin, 2010). Dans ce cadre, l'agriculture pratiquée dans les zones de bas-fonds en Côte d'Ivoire avec les moyens nécessaires, peut répondre aux sollicitations des citadins en produits alimentaires de qualité et en quantité (Konan, 2017).

La mise en place des cultures maraichères dans les zones de bas-fonds est un choix stratégique, car la présence prolongée d'eau dans les bas-fonds permet de cultiver durant les périodes sèches. Cependant, cette humidité prolongée peut également favoriser la prolifération des adventices (Mohler et Johnson, 2009). En effet, l'humidité prolongée des bas-fonds ne favorise pas seulement la croissance des cultures ; elle crée également des conditions idéales pour la germination des semences d'adventices, contribuant ainsi à leur prolifération.

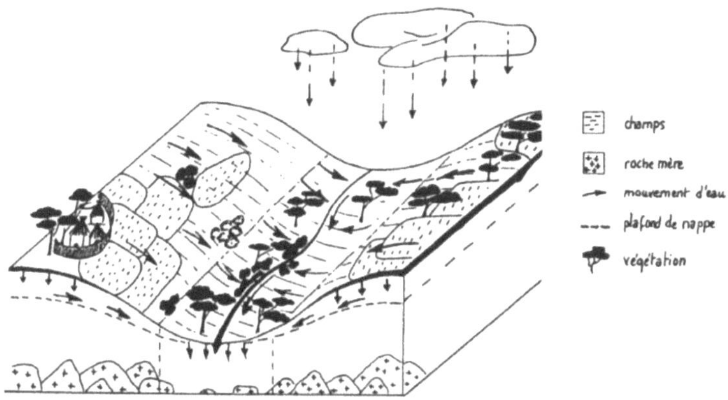

Figure 3 : Schéma de l'organisation d'un bas-fond (Berton, 1988)

1.4. L'enherbement comme obstacle majeur à la productivité

La culture de patate douce est confrontée à plusieurs contraintes qui limitent sa production, dont les mauvaises herbes. La présence des mauvaises herbes entraîne des pertes économiques et constitue une réelle menace pour la sécurité alimentaire. Cela à cause de leur impact négatif sur le rendement. Elles mènent une compétition aux cultures pour l'eau, la lumière, les éléments nutritifs et l'espace de développement (Barralis, 1977 ; Koch *et al.*, 1982). Ces effets négatifs au niveau agricole se traduisent par des pertes évaluées à 2,2 millions de tonnes en Afrique pour un coût estimé à 700 milliards de francs CFA (Le bourgeois *et al.*, 2014).

Le développement des mauvaises herbes peut être influencé par plusieurs facteurs. Ainsi, selon Navas (2012), ces facteurs peuvent être subdivisés en trois catégories qui sont les conditions locales du milieu (climat, type de sol), les facteurs abiotiques liés à la culture (intrants agricoles, travail du sol) et les facteurs biotiques (type de culture, agents pathogènes et ravageurs, micro-organismes). La connaissance des mauvaises herbes constitue un facteur stratégique d'une importance cruciale, car de cette connaissance, découle la bonne maîtrise de ces plantes (Ipou Ipou, 2005).

1.5. Objectifs de l'étude floristique

Dans une perspective de maitrise durable des mauvaises herbes de la patate douce en zones de bas-fonds, il est indispensable de bien connaître la flore adventice associée à cette culture. Ainsi, l'objectif général de cette étude est de caractériser les adventices des cultures de patate douce dans les bas-fonds de la commune d'Anyama.

Pour atteindre cet objectif général, les objectifs spécifiques suivants sont définis :

- ✓ dresser la liste des adventices des bas-fonds d'Anyama en culture de patate-douce ;
- ✓ déterminer les adventices majeures de ces bas-fonds en culture de patate-douce ;
- ✓ décrire ces adventices majeures ;
- ✓ proposer des méthodes de gestion de l'enherbement de ces zones de bas-fonds.

Chapitre 2 : Sites d'étude et démarche méthodologique

2.1. Présentation des sites d'études

La présente étude s'est déroulée en Côte d'Ivoire, plus précisément dans les bas-fonds de la commune d'Anyama de coordonnées géographiques 4° 03'O et 5° 29'N. Anyama, aussi appelé ''Cité de la cola'' est incluse depuis 2001 dans le district autonome d'Abidjan. Située dans la partie septentrionale de la ville d'Abidjan, elle est considérée comme la sixième localité urbaine la plus peuplée de la Côte d'Ivoire (INS, 2022). Elle a une population estimée à 389 592 habitants en 2021 et une superficie de 868 km² (INS, 2022). Sa population est constituée d'autochtones Akyé, d'Abbey, d'une communauté Apolonienne, de ressortissants de la CEDEAO en particulier de Maliens, Burkinabés, Guinéens et Sénégalais (Koutoua, 2019). Elle comporte de nombreux quartiers dont les principaux sont : Anyama gare, Palmeraie, Zossonkoi, Résidentiel, Schneider, Ran, CGE et Christiankoi. Elle est également constituée de 9 principaux villages, dont 4 ont été choisis sur la base de leur représentativité spatiale. Ce sont : Ahouabo, Anyama-djamé, Ebimpé et Yapokoi.

2.2. Matériel et méthodes

2.2.1. Matériel

Le matériel suivant a été utilisé pour la réalisation de cette étude :

- des piquets et un ruban mètre qui ont respectivement servi à délimiter et à mesurer les aires d'échantillonnage à l'intérieur des parcelles culturales ;
- un appareil photo qui a permis de prendre en photos les adventices rencontrées ;

- des journaux et des étiquettes qui ont permis de constituer des herbiers pour l'identification des plantes qui n'ont pas pu être identifiées sur le terrain ;
- des fiches d'enquêtes et un crayon qui ont permis de relever les espèces inventoriées.

2.2.2. Méthodes

2.2.2.1. Inventaire floristique

L'inventaire floristique comme indiqué sur la figure 4, a été effectué selon la méthode d'échantillonnage aléatoire. Cette méthode consiste à choisir au hasard les aires d'échantillonnage. Elle est conseillée pour les grandes surfaces. Les relevés floristiques ont été fait en utilisant des surfaces de 4 m². Ces surfaces ont été retenues, car les planches de culture ne sont pas de grandes tailles. Ces relevés ont consisté à noter la présence de chaque espèce d'adventice rencontrée et à leur attribuer un indice d'abondance-dominance (Annexe 1). Cette notation a été faite suivant l'échelle de Le Bourgeois (1993) (Tableau I). La technique du « tour de champs » a également été utilisée comme complément à la technique de relevé de surface (Maillet, 1981 ; Chicouène, 2000). Cette technique (tour de champs) consiste à parcourir la parcelle dans différentes directions jusqu'à la découverte d'une espèce nouvelle (Le Bourgeois, 1993). Elle permet ainsi de recenser les espèces qui auraient échappé lors des relevés dans les surfaces délimitées. Dans chacune des quatre localités, 30 relevés ont été effectués, ce qui a donné un total de 120 relevés.

L'identification des espèces s'est faite directement sur le terrain. Les espèces inconnues ont été récoltées avec des références (la date, le n° d'espèce et la localité) afin d'en faire un herbier. Elles ont été identifiées plus tard grâce à divers ouvrages dont la flore de Hutchinson & Dalziel (1954, 1972) et les travaux de Le Bourgeois et Merlier (1995).

Tableau I : Indice d'abondance/dominance selon Le Bourgeois (1993)

Indices	Significations
1	Individus rares, peu abondants ou abondants, mais à recouvrement faible
2	Individus très abondants ou recouvrant 1/20 de la surface échantillonnée
3	Individus recouvrant ¼ à ½ de la surface, abondance quelconque
4	Individus recouvrant ½ à ¾ de la surface, abondance quelconque
5	Individus recouvrant plus de ¾ de la surface, abondance quelconque

Figure 4 : Séance d'inventaire des adventices dans une parcelle culturale

2.2.2.2. Analyse des données

→ ***Analyse floristique qualitative***

La composition floristique : elle est définie comme l'ensemble de toutes les espèces végétales rencontrées dans une zone d'étude sans rendre compte de leur abondance ou du niveau de participation à la structure (Scouppe, 2011). Il s'agit du nombre total de taxons recensés dans un milieu. Elle concerne la richesse floristique, renseignant sur le nombre de genres et de familles, puis d'espèces par famille, et d'espèces par genre. Cette richesse floristique a été obtenue en comptabilisant toutes les espèces recensées lors des relevés. Chaque espèce est affectée d'un code de cinq lettres (trois premières lettres du nom de genre et deux premières lettres du nom d'espèce), sa famille, son type biologique (TB) et sa classe.

Le spectre biologique : il se défini comme la répartition des espèces au sein des types biologiques (Ipou Ipou, 2005). Quant au type biologique, il représente le mode de conservation des organes pérennes durant la période défavorable à la vie végétative (Raunkiaer, 1905 et 1934). La classification du type biologique adoptée est le modèle de Raunkiaer (1905) modifié par Aké-Assi (2001). Ainsi, chaque espèce est affectée du type biologique correspondant et regroupée avec ceux ayant le même type biologique. Les proportions de chaque type biologique sont calculées afin d'établir le spectre biologique avec la formule suivante :

$$\mathbf{P(TB)} = \frac{\mathbf{\Sigma esp.TB}}{\mathbf{\Sigma esp.}}\ \mathbf{x\ 100}$$

P(TB) : proportion du type biologique correspondant ; **Σesp. TB :** somme des espèces du type biologique correspondant ; **Σ esp. :** somme totale des types biologiques.

→ ***Analyse floristique quantitative***

L'analyse floristique quantitative a porté sur l'indice de diversité générique des familles, la fréquence des adventices, la contribution spécifique et le potentiel de nuisibilité.

L'Indice de diversité générique des familles : il traduit l'état de diversité de la flore d'un milieu d'étude. Cet indice est obtenu en faisant le rapport du nombre d'espèces sur le nombre de genres d'une famille (Nusbaumer, 2003). Elle est calculée à l'aide de la formule ci-dessous.

$$\mathbf{Idg} = \frac{\mathbf{E}}{\mathbf{G}}$$

E : Nombre d'espèces ; **G :** Nombre de genres

Le coefficient de similitude : Cette notion traduit le degré de ressemblance entre deux listes floristiques. Il a servi à comparer deux à deux les listes floristiques obtenues dans nos différentes localités. La formule utilisée est celle de Sørensen (1948). Elle se calcule de la manière suivante :

$$\mathbf{Cs} = \frac{\mathbf{2c}}{\mathbf{a + b}} \mathbf{x\,100}$$

Avec **a** et **b** le nombre d'espèces recensées respectivement dans les listes **(A)** et **(B)**, et **c** le nombre d'espèces communes aux deux listes **(A)** et **(B)**. La valeur du coefficient de similitude **(Cs)** s'exprime en pourcentage. Il est interprété de trois manières en fonction de la valeur obtenue : si **Cs** = 0, alors les compositions floristiques sont totalement différentes ; si **Cs ≥ 50 %**, les deux milieux concernés sont considérés comme floristiquement semblables ; si **Cs = 100 %**, alors les compositions floristiques sont rigoureusement identiques (Guinochet, 1973).

La fréquence des adventices : la fréquence d'une espèce traduit la régularité de sa distribution au sein d'une communauté végétale. Il y en a trois (3) types : la fréquence absolue, la fréquence relative et la fréquence centésimale (Ipou Ipou, 2005). La fréquence absolue ou spécifique d'une espèce (Fa) est le nombre (n) de fois où elle est rencontrée dans (N) relevés représentant un échantillonnage. La fréquence relative (Fr) est le rapport de la fréquence absolue (Fa) sur le nombre total de relevés (N) d'un échantillonnage. Quant à la fréquence centésimale (Fc), elle est définie comme la fréquence relative exprimée en pourcentage. Elle a été calculée pour chaque espèce rencontrée dans l'ensemble de la zone. Celles ayant une fréquence centésimale supérieure ou égale à 50 % sont les plus fréquemment rencontrées. La fréquence centésimale est définie par la formule suivante :

$$\mathbf{Fc(\%)} = \frac{\mathbf{Fa}}{\mathbf{N}}\mathbf{X100}$$

Fc : fréquence centésimale ; **Fa** : fréquence absolue ; **N :** nombre total de relevés

La contribution spécifique liée à la fréquence d'une espèce : Elle peut être considérée comme une expression relative à la biomasse apportée par une espèce à une végétation (Daget et Poissonet, 1969). Ainsi, en fonction de cette biomasse, l'on peut témoigner de l'agressivité de cette espèce. Elle a été calculée pour chaque espèce dans la zone d'étude et dans chaque village. Elle ne prend pas en compte l'abondance des espèces et est déterminée par la formule suivante proposée par Daget et Poissonet (1969).

$$\mathbf{CsF(e)} = \frac{\mathbf{Fab(e)}}{\sum_1^n \mathbf{Fab(e)}}\mathbf{X100}$$

Fab(e) : fréquence absolue de l'espèce (e) ; $\sum_1^n \mathbf{Fab(e)}$: somme des fréquences absolues de toutes les espèces recensées (n) au cours de l'échantillonnage.

Les valeurs de la **CsF** permettent d'estimer le degré de dépérissement infligé par les adventices sur la culture :
Si Cs F(e) < 1 %, les adventices sont à effet dépressif plus ou moins négligeable ;
Si 1% < Cs F(e) < 4 %, les adventices sont à effet dépressif élevé ;
Si Cs F(e) > 4 %, les adventices sont à effet dépressif très élevé.

Le potentiel de nuisibilité : c'est la traduction de l'ampleur des problèmes d'enherbement posé par les différentes espèces (Ipou Ipou, 2005). La classification de ces espèces en fonction de leur potentiel de nuisibilité donne le diagramme d'infestation. Cela permet de différencier les groupes d'adventices en fonction de leur degré d'infestation, donc de leur importance agronomique (Traoré et Maillet, 1992). Ce diagramme est obtenu en constituant un nuage de points avec les fréquences centésimales en abscisse et les indices d'abondance-dominance moyenne en ordonnée. L'indice d'abondance-dominance moyenne d'une espèce (A/Dmoy.) est obtenu en faisant la moyenne de toutes ses abondance-dominances en fonction du nombre de fois qu'elle est relevé.

Le Bourgeois (1993) a fait une classification des différents groupes d'adventice suivant le modèle ci-dessous :
- les mauvaises herbes majeures générales qui sont à la fois fréquentes (fr > 0,5) et abondantes (A/Dmoy.> 1,5) ; ce sont les espèces les plus nuisibles d'une zone donnée ;
- les mauvaises herbes potentielles générales ; elles sont fréquentes, d'abondance moyenne (1,25 < A/Dmoy. < 1,5) ; ce sont des espèces très rustiques, mais dont les infestations sont généralement moindres que celles des adventices majeures générales ;
- les mauvaises herbes générales sont des espèces fréquentes mais jamais abondantes (A/Dmoy. < 1,25) ; ces espèces, ubiquistes, se rencontrent dans presque tous les milieux ;
- les mauvaises herbes majeures régionales sont abondantes et moyennement fréquentes (0,2 < fr < 0,5), à amplitude écologique large ;
- les mauvaises herbes majeures locales sont peu fréquentes, mais localement très abondantes, ayant une amplitude écologique étroite ;

- les mauvaises herbes mineures sont peu fréquentes et peu abondantes ; ce sont des espèces rares, étrangères ou pionnières ;
- les mauvaises herbes potentielles régionales ont une amplitude écologique moyenne (0,2 < fr < 0,5) et leur abondance peut être régulièrement moyenne (1,25 < A/Dmoy < 1,5). Elles constituent un niveau intermédiaire entre les espèces "mineures" et celui des espèces "majeures" ;
- les mauvaises herbes régionales ont une amplitude écologique moyenne (0,2 < fr < 0,5) avec une abondance faible (A/Dmoy < 0,5) ; elles ne constituent pas, pour la plupart, une contrainte agronomique ; elles peuvent, par contre, servir d'indicatrices écologiques régionales ;
- les mauvaises herbes potentielles locales ; ces espèces ont une amplitude écologique très étroite (fr < 0,2) et présentent ponctuellement des indices d'abondance moyens (1,25 < A/Dmoy < 1,5). Elles constituent également un niveau intermédiaire entre les espèces "mineures" et celui des espèces "majeures".

2.2.2.3. Description des adventices les plus nuisibles

La description des adventices est une étape de leurs connaissances, qui est indispensable à la mise en place d'une bonne méthode de lutte. La description des adventices les plus nuisibles du milieu d'étude a été faite selon les observations macroscopiques des différentes parties de ces plantes à l'état adulte.

RESULTATS

Chapitre 3 : Structure et diversité de la flore adventice

3.1. Composition floristique

L'annexe 2 présente la liste globale des espèces rencontrées lors des relevés. Les résultats montrent que la flore adventice de la patate douce dans les bas-fonds des 4 villages étudiés, est composée de 110 espèces réparties dans 79 genres et 34 familles qui appartiennent aux Angiospermes et aux Ptéridophytes. L'étude des proportions des différents groupes taxonomiques (Tableau II) montre que l'ensemble de cette flore est largement dominé par les Angiospermes avec 98,18 % des espèces contre 1,82 % pour les Ptéridophytes. Chez les Angiospermes, la classe des Dicotylédones est importante avec plus de la moitié des espèces (60 %) que les monocotylédones (38, 89 %). Le tableau III donne les proportions des 33 familles recensées dont 5 sont prédominantes avec 53,63 % des espèces et 48,1 % des genres. Ce sont, dans l'ordre décroissant de leurs proportions en espèces : les Cyperaceae (17,27 %), les Poaceae (16,36 %), les Asteraceae (10 %), les Fabaceae (5,45 %) et les Amaranthaceae (4,55 %).

La composition de la flore adventice dans ces bas-fonds par village s'établit comme suit : 52 espèces à Ahouabo réparties dans 42 genres et 21 familles ; 78 espèces à Anyama-djamé réparties dans 56 genres et 28 familles ; 61 espèces à Ebimpé réparties dans 50 genres et 28 familles ; 58 espèces à Yapokoi réparties dans 48 genres et 26 familles. Les Cyperaceae, les Poaceae et les Asteraceae font toujours partie des familles les plus représentées dans la flore adventice de chaque village et dans l'ensemble de la flore. Les Poaceae sont plus représentés en espèces que les Cyperaceae seulement dans le village d'Anyama-djamé, alors que les Cyperaceae sont dominants dans le reste des villages.

Tableau II : Répartition taxonomique des adventices recensées

		Ahouabo	**Anyama-djamé**	**Ebimpé**	**Yapokoi**	**Zone d'étude**
Dicotylédones	N	26	46	37	38	66
(%)	P	50	58,97	60,66	65,52	60
Monocotylédones	N	25	31	23	19	42
(%)	P	48,08	39,74	37,70	32,76	38,18
Ptéridophytes	N	1	1	1	1	2
(%)	P	1,92	1,28	1,64	1,72	1,82
Familles	N	21	28	28	26	33
Genres	N	42	56	50	48	79
Espèces	**N**	**52**	**78**	**61**	**58**	**110**

N : Effectifs ; **P :** Proportions

Tableau III : Familles d'adventices recensées dans la zone d'étude

Familles	Nombre de genres	P (%)	Nombre d'espèces	P (%)
Cyperaceae	5	6,33	19	17,27
Poaceae	14	17,72	18	16,36
Asteraceae	10	12,66	11	10,00
Fabaceae	5	6,33	6	5,45
Amaranthaceae	4	5,06	5	4,55
Acanthaceae	3	3,80	4	3,64
Euphorbiaceae	3	3,80	4	3,64
Onagraceae	1	1,27	4	3,64
Rubiaceae	3	3,80	4	3,64
Solanaceae	2	2,53	3	2,73
Cleomaceae	1	1,27	2	1,82
Commelinaceae	1	1,27	2	1,82
Lamiaceae	2	2,53	2	1,82
Melastomataceae	2	2,53	2	1,82
Passifloraceae	2	2,53	2	1,82
Scrophulariaceae	2	2,53	2	1,82
Malvaceae	3	3,80	3	2,73
Urticaceae	1	1,27	2	1,82
Araceae	1	1,27	1	0,91
Araliaceae	1	1,27	1	0,91
Arecaceae	1	1,27	1	0,91
Boraginaceae	1	1,27	1	0,91
Caryophyllaceae	1	1,27	1	0,91
Convolvulaceae	1	1,27	1	0,91
Linderniaceae	1	1,27	1	0,91
Marsileaceae	1	1,27	1	0,91
Oxalidaceae	1	1,27	1	0,91
Phyllanthaceae	1	1,27	1	0,91
Piperaceae	1	1,27	1	0,91
Polygonaceae	1	1,27	1	0,91
Pontederiaceae	1	1,27	1	0,91
Portulacaceae	1	1,27	1	0,91
Woodsiaceae	1	1,27	1	0,91
Total	79	100,00	110	100,00

Classification APG III

3.2. Spectre biologique

Le spectre biologique de la flore adventice de la zone d'étude est représenté sur la figure 5. Ces résultats montrent qu'à l'exception des mégaphanérophytes (MP) et des hydrophytes (Hy), tous les autres types biologiques ont été rencontrés : les mésophanérophytes (mP), les microphanérophytes (mp), les nanophanérophytes (np), les chaméphytes (Ch), les hémicryptophytes (H), les géophytes (G), les thérophytes (Th) et les hélophytes (Hl). L'analyse de leurs proportions montre que les thérophytes sont les mieux représentés avec 39 %, suivis des nanophanérophytes et hémicryptophytes avec la même proportion (18 %). Ces 3 types biologiques sont toujours les mieux représentés avec une contribution d'au moins 75 % à la végétation de chaque village étudié (Ahouabo, Anyama-djamé, Ebimpé et Yapokoi), dont les spectres biologiques sont respectivement consignés sur les figures 6, 7, 8 et 9.

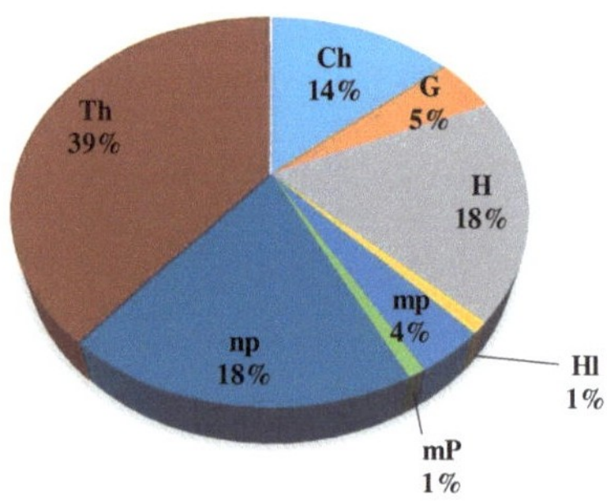

Figure 5 : Spectre biologique de la flore des bas-fonds d'Anyama

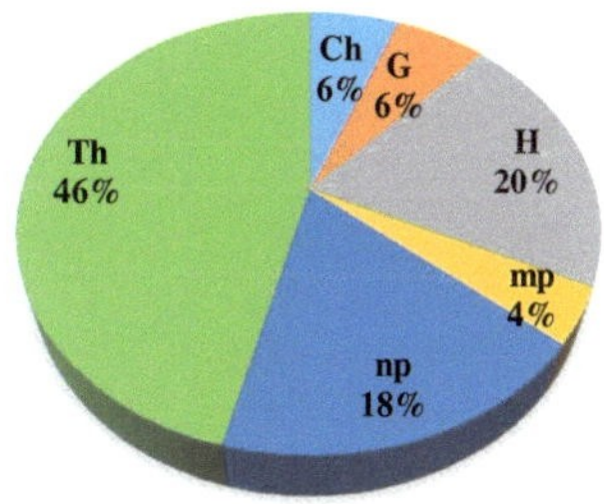

Figure 6 : Spectre biologique de la flore des bas-fonds d'Ahouabo

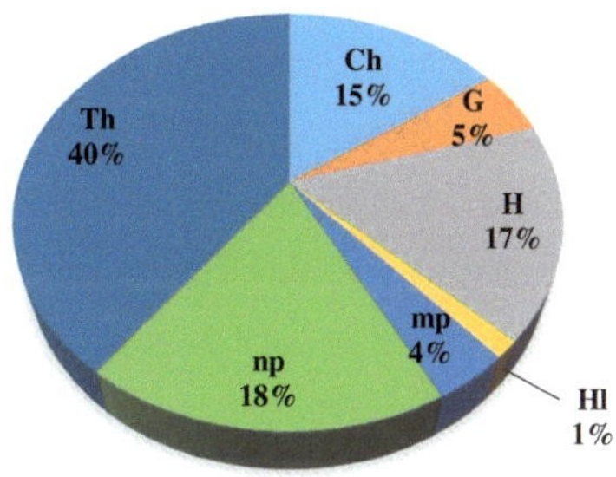

Figure 7 : Spectre biologique de la flore des bas-fonds d'Anyama-djamé

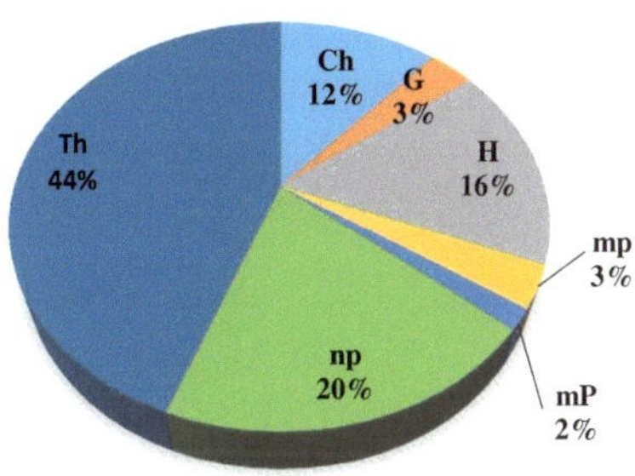

Figure 8 : Spectre biologique de la flore des bas-fonds d'Ebimpé

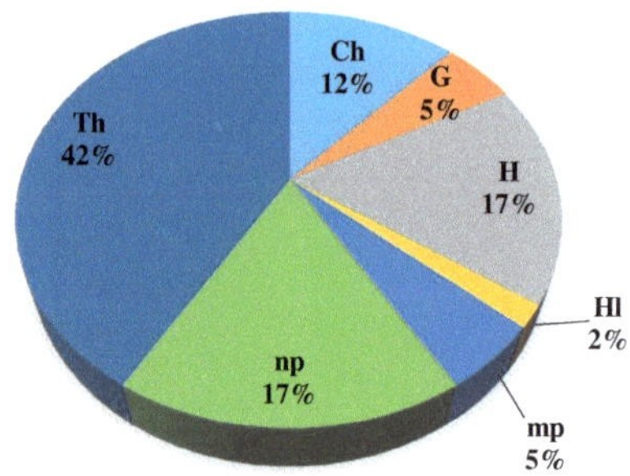

Figure 9 : Spectre biologique de la flore des bas-fonds de Yapokoi

3.3. Indice de diversité générique

Dans les 5 familles prédominantes dans l'ensemble de la flore des villages (Tableau IV), les Asteraceae avec 11 espèces réparties dans 10 genres, ont le plus faible indice de diversité générique (Idg=1,10). Cette famille est donc la plus diversifiée des familles prédominantes dans l'ensemble de la flore. Les autres familles sont dans l'ordre décroissant de diversification, les Fabaceae (Idg=1,20), les Amaranthaceae (Idg=1,25), les Poaceae (Idg=1,29) et les Cyperaceae (Idg=3,80). Il ressort que les deux familles les plus représentées en espèces, se révèlent être les moins diversifiées en genre parmi les familles prédominantes dans l'ensemble de la flore.
Au niveau de l'indice de diversité générique des familles prédominantes dans chaque village (Tableau IV), les résultats sont répartis comme suit :
Dans le village d'Ahouabo, les Asteraceae, les Fabaceae et les Amaranthaceae sont les plus diversifiées avec le même indice de diversité (Idg=1), suivies des Poaceae (Idg=1,11) et des Cyperaceae (Idg=2,20).
Au village d'Anyama-djamé, la famille des Fabaceae est la plus diversifiée (Idg=1), suivie des Asteraceae (Idg=1,14), des Poaceae (Idg=1,40), des Amaranthaceae (Idg=1,50) et des Cyperaceae (Idg=3,25).
Concernant le village d'Ebimpé, les Asteraceae, les Fabaceae et les Poaceae sont les plus diversifiées (Idg=1), suivies des Amaranthaceae (Idg=1,25) et des Cyperaceae (Idg=2,75). Quant au village de Yapokoi, les Asteraceae, les

Fabaceae et les Poaceae sont également les plus diversifiées (Idg=1), suivies des Amaranthaceae (Idg=1,50) et des Cyperaceae (Idg=2,50). Ainsi, la famille des Asteraceae fait partie des plus diversifiées dans la majorité des cas, à l'exception du village d'Anyama-djamé où elle occupe la deuxième position. La famille des Cyperaceae est toujours la moins diversifiée dans chaque village.

3.4. Coefficient de similitude

Les coefficients de similitude calculés en comparant deux à deux, les listes floristiques des 4 villages inventoriés (Tableau V) montrent que toutes les valeurs sont supérieures à 50 %. Ainsi, les couples de villages ont une composition floristique homogène.

Tableau IV : Indice de diversité des familles prédominantes dans les différents villages

Familles	**Ahouabo**			**Anyama-djamé**			**Ebimpé**			**Yapokoi**			**Zone d'étude**		
	G	*E*	*Idg*	G	E	Idg	G	E	Idg	G	E	Idg	G	E	Idg
Cyperaceae	*5*	*11*	*2,20*	4	13	3,25	4	11	2,75	4	10	2,50	5	19	3,80
Poaceae	*9*	*10*	*1,11*	10	14	1,40	9	9	1,00	8	8	1,00	14	18	1,29
Asteraceae	*6*	*6*	*1,00*	7	8	1,14	6	6	1,00	7	7	1,00	10	11	1,10
Fabaceae	*4*	*4*	*1,00*	3	3	1,00	2	2	1,00	3	3	1,00	5	6	1,29
Amaranthaceae	*2*	*2*	*1,00*	2	3	1,50	4	5	1,25	2	3	1,50	4	5	1,25

Tableau V : Coefficients de similitude de la flore des différents villages

Couples de village	a	b	c	Cs (%)
Anyama-djamé et Ahouabo	78	52	44	67,69
Ahouabo et Ebimpé	52	61	33	58,41
Ahouabo et Yapokoi	52	58	28	50,91
Anyama-djamé et Ebimpé	78	61	41	58,99
Anyama-djamé et Yapokoi	78	58	43	63,24
Ebimpé et Yapokoi	61	58	42	70,59

a : nombre d'espèces du premier village ; **b** : nombre d'espèces du second village ; **c** : nombre d'espèces communes aux deux villages ; **Cs** : coefficient de similitude.

Chapitre 4 : Les espèces nuisibles majeures à la culture de patate douce

La nuisibilité d'une adventice peut se traduire par deux paramètres, la contribution spécifique et le potentiel de nuisibilité. La contribution spécifique prend uniquement en compte la fréquence des adventices. Alors que le potentiel de nuisibilité intègre à la fois la fréquence de l'adventice et son abondance-dominance, traduisant ainsi plus fidèlement son impact au sein du champ.

4.1. Fréquence des adventices

Sur 110 espèces rencontrées, 8 sont les plus fréquentes de l'ensemble de la zone (Tableau VI). Ce sont dans l'ordre décroissant : *Alternanthera sessilis* (75,83 %), *Ageratum conyzoides* (71,67 %), *Eleusine indica* (70,83 %), *Digitaria horizontalis* (61,67 %), *Commelina benghalensis* (57,50 %), *Ludwigia hyssopifolia* et *Phyllanthus amarus* (55,83 % chacun), et *Ludwigia abyssinica* (51, 67 %). Les trois (3) espèces en tête de liste, sont toujours présentes parmi les espèces les plus fréquentes de chaque village.

Dans les villages étudiés, il y a 7 espèces à Ahouabo et Ebimpé, 10 et 11 espèces respectivement à Yapokoi et Anyama-djamé, qui ont une fréquence centésimale supérieure ou égale à 50 % (Tableau VII). Au niveau du village d'Ahaoubo, deux espèces sont très fréquentes avec un taux de présence supérieur ou égal à 80 %. Ce sont *Eleusine indica* et *Amaranthus hybridus*. Dans le village d'Anyama-djamé, deux espèces sont également très fréquentes avec un taux de présence égal à 80 % : *Alternanthera sessilis* et *Commelina benghalensis*. Concernant le village d'Ebimpé, on a aussi deux espèces avec un taux de présence supérieure à 80 % : *Ageratum conyzoides* et *Alternanthera sessilis*. Quant au village de Yapokoi, on a 5 espèces qui ont une fréquence centésimale supérieure à 80 %. Ce sont *Ageratum conyzoides, Alternanthera sessilis, Ludwigia hyssopifolia, Peperomia pellucida* et *Digitaria horizontalis.* Cette dernière espèce a un taux de présence de 100%.

Tableau VI : Adventices les plus fréquentes de toute la zone d'étude

Espèces	Fc (%)
Alternanthera sessilis	75,83
Ageratum conyzoides	71,67
Eleusine indica	70,83
Digitaria horizontalis	61,67
Commelina benghalensis	57,70
Ludwigia hyssopifolia	55,83
Phyllanthus amarus	55,83
Ludwigia abyssinica	51,67

Tableau VII : Adventices les plus fréquentes des bas-fonds des différents villages

Espèces	Ahouabo Fc (%)	Anyama-djamé Fc (%)	Ebimpe Fc (%)	Yapokoi Fc (%)
Acmella uliginosa	53,33			76,67
Ageratum conyzoides	50,00	60,00	93,33	83,33
Alternanthera sessilis	53,33	80,00	86,67	83,33
Amaranthus hybridus	80,00			
Amaranthus spinosus		60,00		
Commelina benghalensis	50,00	80,00		60,00
Cyanthillium cinereum			60,00	
Cyperus distans		63,33		
Digitaria horizontalis		56,67		100
Eleusine indica	83,33	73,33	70,00	56,67
Kyllinga erecta			60,00	
Ludwigia abyssinica	53,33	76,67		66,67
Ludwigia hyssopifolia		76,67		83,33
Oldenlandia corymbosa		66,67	53,33	
Peperomia pellucida				80,00
Phyllanthus amarus			66,67	70,00
Synedrella nodiflora		50,00		

4.2. Contribution spécifique

Sur 110 espèces recensées dans l'ensemble de la zone, 30 ont une contribution spécifique supérieure à 1 (Tableau VIII). Ces espèces ont un taux de contribution de 78,31 % à l'ensemble du couvert des mauvaises herbes de la zone. Parmi elles, il y a 7 espèces qui ont un effet dépressif très élevé vis-à-vis de la culture (CsF > 4 %). Ce sont dans l'ordre décroissant d'agressivité, *Alternanthera sessilis, Ageratum conyzoides, Eleusine indica, Digitaria horizontalis, Commelina benghalensis, Ludwigia hyssopifolia, Phyllanthus amarus.*

Au niveau des villages d'Ahouabo et Anyama-djamé, 30 espèces ont une contribution spécifique supérieure à 1 (Tableau IX). La contribution totale de chacun de ces groupes d'espèces à la flore adventice est de 90,59 % à Ahouabo et 81,90 % à Anyama-djamé.

Au village d'Ebimpé, il y a 32 espèces qui ont une contribution spécifique supérieure à 1 (Tableau X), avec une participation totale de 86,05 % à la flore adventice. Quant au village de Yapokoi, il y a 24 espèces avec une contribution spécifique supérieure à 1 (Tableau X), ayant un taux de participation global de 83,17 % à la flore adventice.

Concernant les espèces très agressives au niveau de chaque village, on denombre : 10 espèces à Ahouabo et Yapokoi , 7 espèces à Anyama-djamé et Ebimpé. Parmi ces espèces, seul *Ageratum conyzoides* et *Alternanthera sessilis* ont une agressivité élevée au niveau de chaque village et dans l'ensemble de la zone.

Tableau VIII : Classement par ordre décroissant d'agressivité des adventices de la zone d'étude (CsF > 1 %)

N°	Espèces	CsF (%)
1	*Alternanthera sessilis*	5,71
2	*Ageratum conyzoides*	5,39
3	*Eleusine indica*	5,33
4	*Digitaria horizontalis*	4,64
5	*Commelina benghalensis*	4,33
6	*Ludwigia hyssopifolia*	4,20
7	*Phyllanthus amarus*	4,20
8	*Ludwigia abyssinica*	3,89
9	*Acmella uliginosa*	3,26
10	*Oldenlandia corymbosa*	3,13
11	*Cyperus distans*	2,88
12	*Kyllinga erecta*	2,76
13	*Cyanthillium cinereum*	2,70
14	*Synedrella nodiflora*	2,63
15	*Peperomia pellucida*	2,26
16	*Panicum laxum*	2,07
17	*Laportea aestuans*	2,01
18	*Amaranthus hybridus*	1,88
19	*Justicia flava*	1,82
20	*Amaranthus spinosus*	1,57
21	*Panicum maximum*	1,38
22	*Cleome viscosa*	1,32
23	*Fimbristylis littoralis*	1,32
24	*Oxalis barrelieri*	1,19
25	*Cyperus rotundus*	1,19
26	*Cyperus iria*	1,13
27	*Vernonia amygdalina*	1,13
28	*Cleome rutidosperma*	1,00
29	*Croton hirtus*	1,00
30	*Cyperus esculentus*	1,00
Total		**78,31**

Tableau IX : Classement par ordre décroissant d'agressivité des adventices des villages d'Ahouabo et Anyama-djamé (CsF > 1 %)

Ahouabo			Anyama-djamé		
N°	**Espèces**	**CsF (%)**	**N°**	**Espèces**	**CsF (%)**
1	*Eleusine indica*	7,35	1	*Alternanthera sessilis*	5,17
2	*Amaranthus hybridus*	7,06	2	*Commelina benghalensis*	5,17
3	*Acmella uliginosa*	4,71	3	*Ludwigia abyssinica*	4,96
4	*Alternanthera sessilis*	4,71	4	*Ludwigia hyssopifolia*	4,96
5	*Ludwigia abyssinica*	4,71	5	*Eleusine indica*	4,74
6	*Ageratum conyzoides*	4,41	6	*Oldenlandia corymbosa*	4,31
7	*Commelina benghalensis*	4,41	7	*Cyperus distans*	4,09
8	*Digitaria horizontalis*	4,12	8	*Ageratum conyzoides*	3,88
9	*Panicum laxum*	4,12	9	*Amaranthus spinosus*	3,88
10	*Synedrella nodiflora*	4,12	10	*Digitaria horizontalis*	3,66
11	*Cleome viscosa*	3,82	11	*Synedrella nodiflora*	3,23
12	*Ludwigia hyssopifolia*	3,82	12	*Phyllanthus amarus*	3,02
13	*Cyperus distans*	3,53	13	*Justicia flava*	2,80
14	*Phyllanthus amarus*	3,53	14	*Cyperus rotundus*	2,59
15	*Panicum maximum*	2,65	15	*Laportea aestuans*	2,59
16	*Oldenlandia corymbosa*	2,35	16	*Kyllinga erecta*	2,37
17	*Vernonia cinerea*	2,35	17	*Acmella uliginosa*	2,16
18	*Setaria barbata*	2,06	18	*Cyanthillium cinereum*	1,94
19	*Justicia flava*	1,76	19	*Panicum laxum*	1,72
20	*Kyllinga erecta*	1,76	20	*Cleome viscosa*	1,51
21	*Laportea aestuans*	1,76	21	*Cyperus amabilis*	1,51
22	*Mimosa pudica*	1,76	22	*Cyperus iria*	1,51
23	*Kyllinga brevifolia*	1,47	23	*Eragrostis tenella*	1,51
24	*Cyanthillium cinereum*	1,18	24	*Panicum maximum*	1,51
25	*Cyperus rotundus*	1,18	25	*Hydrocotyle bonariensis*	1,29
26	*Eragrostis tenella*	1,18	26	*Kyllinga brevifolia*	1,29
27	*Fimbristylis littoralis*	1,18	27	*Marsilea quadrifolia*	1,29
28	*Pueraria phaseoloides*	1,18	28	*Eclipta prostrata*	1,08
29	*Vernonia amygdalina*	1,18	29	*Kyllinga pumila*	1,08
30	*Porophyllum ruderale*	1,18	30	*Solenostemon monostachyus*	1,08
Total		**90,59**	**Total**		**81,90**

Tableau X : Classement par ordre décroissant d'agressivité des adventices des villages d'Ebimpé et Yapokoi (CsF > 1 %)

Ebimpé			Yapokoi		
N°	**Espèces**	**CsF (%)**	**N°**	**Espèces**	**CsF (%)**
1	*Ageratum conyzoides*	7,24	1	*Digitaria horizontalis*	7,43
2	*Alternanthera sessilis*	6,72	2	*Ageratum conyzoides*	6,19
3	*Eleusine indica*	5,43	3	*Alternanthera sessilis*	6,19
4	*Phyllanthus amarus*	5,17	4	*Ludwigia hyssopifolia*	6,19
5	*Cyanthillium cinereum*	4,65	5	*Peperomia pellucida*	5,94
6	*Kyllinga erecta*	4,65	6	*Acmella uliginosa*	5,69
7	*Oldenlandia corymbosa*	4,13	7	*Phyllanthus amarus*	5,20
8	*Laportea aestuans*	3,62	8	*Ludwigia abyssinica*	4,95
9	*Cyperus esculentus*	3,62	9	*Commelina benghalensis*	4,46
10	*Digitaria horizontalis*	3,36	10	*Eleusine indica*	4,21
11	*Oxalis barrelieri*	3,10	11	*Cyperus distans*	3,22
12	*Commelina benghalensis*	3,10	12	*Cyanthillium cinereum*	2,97
13	*Peperomia pellucida*	2,84	13	*Fimbristylis littoralis*	2,72
14	*Panicum laxum*	2,84	14	*Kyllinga erecta*	2,23
15	*Cleome rutidosperma*	2,07	15	*Cleome rutidosperma*	1,98
16	*Synedrella nodiflora*	1,81	16	*Croton hirtus*	1,98
17	*Ludwigia hyssopifolia*	1,55	17	*Cyperus haspan*	1,49
18	*Cyperus iria*	1,55	18	*Cyperus difformis*	1,49
19	*Heteranthera limosa*	1,55	19	*Drymaria cordata*	1,49
20	*Cyperus difformis*	1,55	20	*Justicia flava*	1,49
21	*Ludwigia octovalvis*	1,55	21	*Oldenlandia corymbosa*	1,49
22	*Cyperus haspan*	1,55	22	*Panicum maximum*	1,49
23	*Talinum triangulare*	1,55	23	*Synedrella nodiflora*	1,49
24	*Amaranthus spinosus*	1,29	24	*Vernonia amygdalina*	1,24
25	*Solenostemon monostachyus*	1,29			
26	*Kyllinga pumila*	1,29			
27	*Vernonia amygdalina*	1,29			
28	*Adenia cissampeloides*	1,29			
29	*Croton hirtus*	1,29			
30	*Leersia oryzoides*	1,03			
31	*Fimbristylis littoralis*	1,03			
32	*Justicia flava*	1,03			
Total		**86,05**	**Total**		**83,17**

4.3. Potentiel de nuisibilité

4.3.1. Potentiel de nuisibilité des adventices de la zone

Le potentiel de nuisibilité de l'ensemble des espèces a été déterminé à partir du diagramme d'infestation de la figure 10. Son analyse a permis d'identifier 8 groupes d'adventices et d'apprécier l'ampleur des problèmes d'enherbement causé par chacun de ces groupes.

Le groupe 1 **(G1)** est constitué des **mauvaises herbes majeures générales.** Ce sont les espèces les plus nuisibles de la zone. Ces espèces possèdent un potentiel d'envahissement très important et représente une forte contrainte agronomique. Ce groupe est constitué de 4 espèces : *Digitaria horizontalis, Eleusine indica, Alternanthera sessilis* et *Ageratum conyzoides.*

Le groupe 2 **(G2)** correspond aux **mauvaises herbes potentielles générales**. Il est constitué d'espèces très ubiquiste, mais avec une infestation moindre que celui du groupe précédent. Ce groupe est représenté par une seule espèce qui est *Commelina benghalensis.*

Le groupe 3 **(G3)** représente les **mauvaises herbes générales.** Il est constitué d'espèces très fréquentes, mais ne constituant jamais une gêne pour la culture de par leur faible abondance. Il s'agit de *Phyllanthus amarus, Ludwigia abyssinica* et *Ludwigia hyssopifolia.*

Le groupe 5 **(G5)** renferme les **mauvaises herbes potentielles régionales**. Ce sont des espèces qui ont une fréquence et une abondance régulièrement moyennes. Seule *Panicum laxum* appartient à ce groupe.

Le groupe 6 **(G6)** est formé par les **mauvaises herbes régionales**. Il s'agit d'espèces à amplitude écologique large ou moyen, avec une faible abondance. Elles ne représentent pas de contrainte pour les cultures. Par contre, elles peuvent servir d'indicatrices écologiques régionales. Ce groupe est constitué de 11 espèces : *Justicia flava, Peperomia pellucida, Acmella uliginosa, Oldenlandia corymbosa, Cyperus distans, Kyllinga erecta, Cyanthillium cinereum, Synedrella nodiflora, Laportea aestuans, Amaranthus hybridus et Amaranthus spinosus.*

Le groupe 7 **(G7)** regroupe les **mauvaises herbes majeures locales.** Ce sont des espèces peu fréquentes, mais très dominantes lorsqu'elles sont présentes. Ainsi, il est possible qu'elles deviennent une contrainte agronomique importante pour les cultures. Ce groupe est constitué de *Panicum repens*, *Cynodon dactylon* et *Talinum triangulare.*

Le groupe 8 **(G8)** avec un seul représentant *Leersia oryzoides,* est qualifié de **mauvaises herbes potentielles locales**. Il s'agit d'une espèce peu fréquente avec une abondance moyenne.

Le groupe 9 **(G9)** avec 78,18% des espèces correspond aux **mauvaises herbes mineures**. Ce sont des espèces à la fois rares et jamais abondantes. Ainsi, elles ne peuvent jamais constituer de gêne pour la culture.

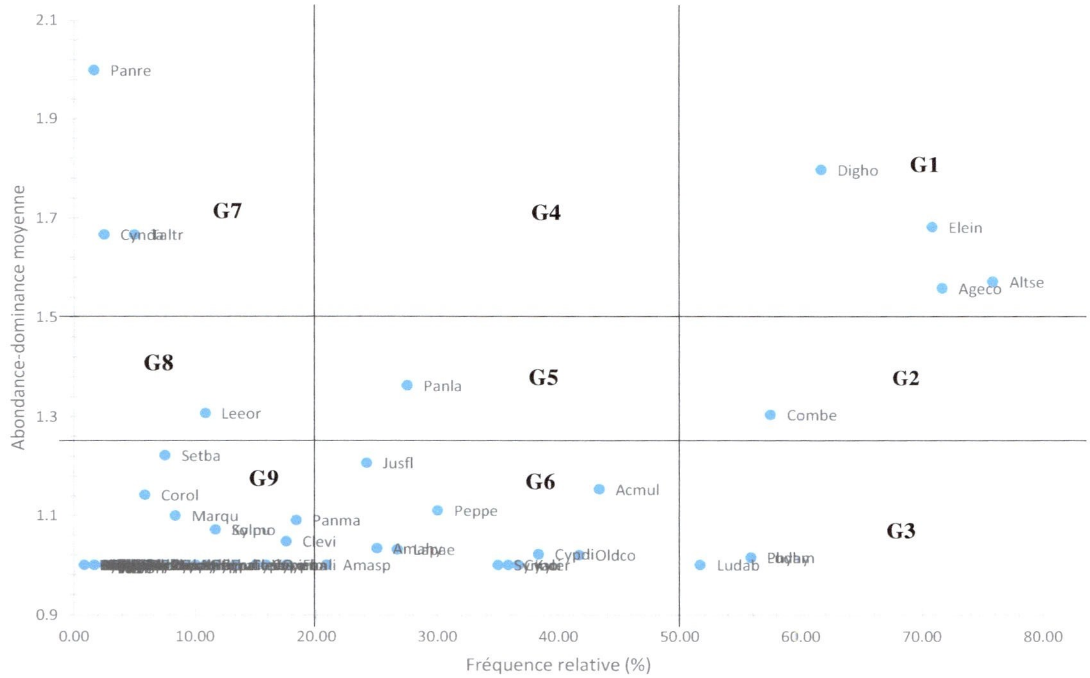

Figure 10 : Diagramme d'infestation des adventices dans la culture de patate douce

4.3.2. Potentiel de nuisibilité dans les cultures dans chaque village

L'analyse des diagrammes d'infestation des différents villages consignés dans les figures 11, 12, 13 et 14 montre que le degré de nuisibilité varie avec la localité. En effet, parmi les 4 adventices les plus nuisibles de la zone, aucune n'est présente simultanément parmi les mauvaises herbes majeures générales **(G1)** des 4 villages. Au village d'Ahouabo, les mauvaises herbes majeures générales sont *Eleusine indica* et *Alternanthera sessilis*. Dans le village d'Anyama-djamé, ce groupe est répresenté par *Digitaria horizontalis*, *Eleusine indica* et *Ageratum conyzoides*. A Ebimpé, *Eleusine indica* et *Ageratum conyzoides* sont représentant de ce groupe. Quant à Yapokoi, ce sont : *Commelina benghalensis*, *Digitaria horizontalis, Alternanthera sessilis* et *Ageratum conyzoides*.

Les mauvaises herbes potentielles général **(G2),** ne sont représentées que par une seule espèce dans chaque village. Ce sont *Acmella uliginosa* à Ahouabo, *Alternanthera sessilis* à Anyama-djamé et Ebimpé, puis *Eleusine indica* à Yapokoi.

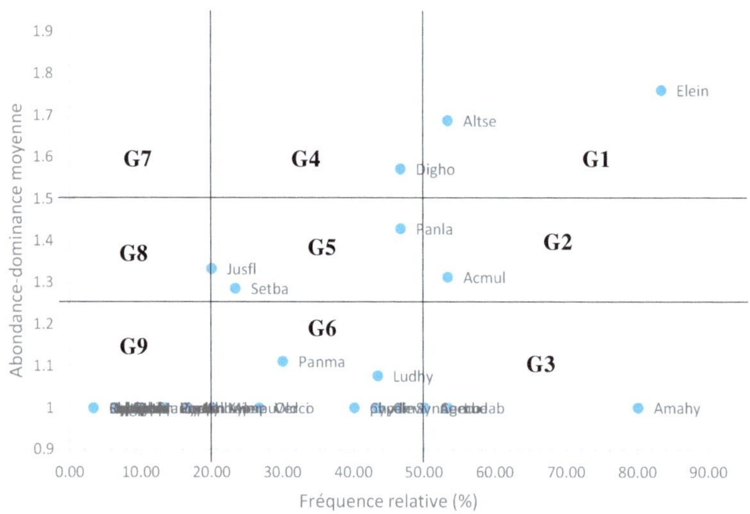

Figure 11 : Diagramme d'infestation des bas-fonds du village d'Ahouabo

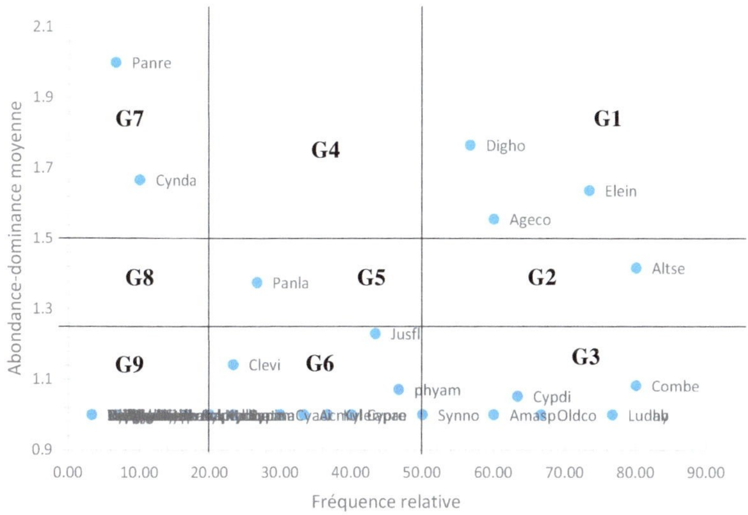

Figure 12 : Diagramme d'infestation des bas-fonds du village d'Anyama-djamé

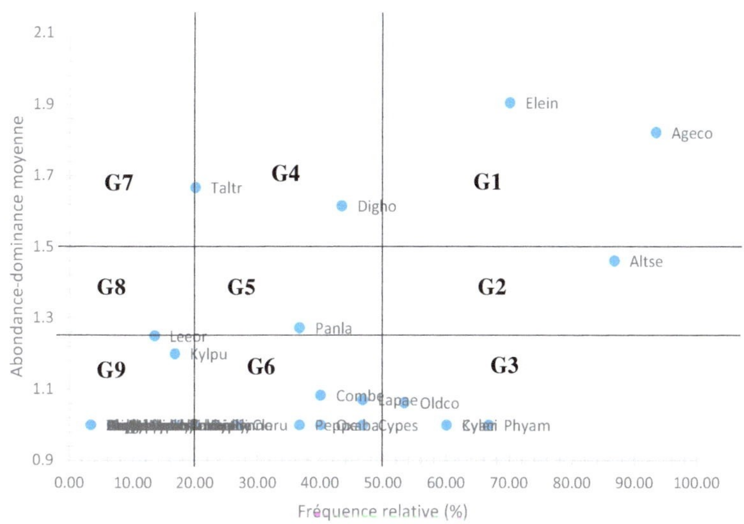

Figure 13 : Diagramme d'infestation des bas-fonds du village d'Ebimpé

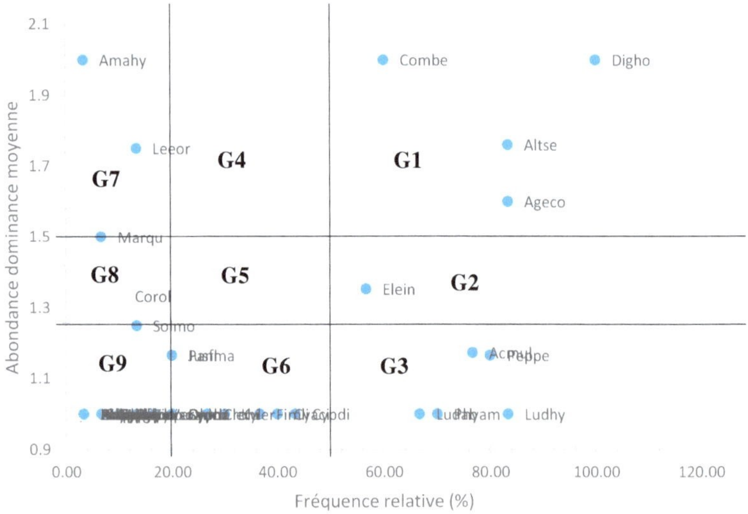

Figure 14 : Diagramme d'infestation des bas-fonds du village de Yapokoi

4.4. Description des adventices les plus nuisibles de la zone d'étude

A la suite de l'analyse de la nuisibilité des mauvaises herbes de l'ensemble de la zone, quatre (4) espèces apparaissent comme les plus nuisibles dans les bas-fonds de la commune d'Anyama en culture de patate douce. Ce sont : *Ageratum conyzoides, Alternanthera sessilis, Digitaria horizontalis* et *Eleusine indica*.

4.4.1. Description de *Ageratum conyzoides* (L.)

Ageratum conyzoides (Figure 15) est une plante herbacée généralement à port dressé, souvent décombant en milieu humide, caractérisé par une tige cylindrique et hérissée de poils (Johnson, 1997).

Les feuilles sont simples, opposées et longuement pétiolées. Elles ont une marge dentée et sont recouvertes de poils sur les deux faces. Le limbe est de forme ovale-triangulaire, à nervation ascendante trinervée. Les inflorescences sont des capitules, assemblées en position terminale sur la tige. Les fleurs sont de couleur bleue-violacée à blanche (Merlier et Montegut, 1982). Son système racinaire est pivotant.

Figure 15 : *Ageratum conyzoides* (L.)

4.4.2. Description de *Alternanthera sessilis* (L.) R.Br. ex DC

Alternanthera sessilis (Figure 16) est une plante herbacée généralement prostrée, présentant des tiges parfois redressée en milieu humide, traduisant une plasticité morphologique exprimée au niveau du port (Holm *et al.*, 1977).

Les feuilles sont simples et opposées ; le limbe est étroit et allongé, à sommet aigu, avec une marge parfois finement dentée dans sa moitié supérieure. La tige est cylindrique, striée et ramifiée. Les inflorescences, sessiles, globuleuses et denses, sont situées à l'aisselle des feuilles et de couleur blanche (Akobundu & Agyakwa, 1989).

Le système racinaire est principalement adventif, avec des racines fréquemment émises aux nœuds des tiges en contact avec le sol humide (Holm *et al.*, 1977).

Figure 16 : *Alternanthera sessilis* (L.) R.Br. ex DC

4.4.3. Description de *Digitaria horizontalis* Willd

Digitaria horizontalis (figure 17), est une graminée annuelle se présentant en touffe étalée, avec un port décombant. Ses tiges (chaumes), cylindriques et glabres, s'étalent au sol où elles produisent des racines adventives aux nœuds inférieurs, avant de se redresser en tiges ascendantes. Les feuilles, alternes et de couleur verte, sont linéaires à lancéolées et présentent une nervure médiane peu marquée. Leur gaine foliaire est poilue, et la ligule est membraneuse.

L'inflorescence est formée d'épis linéaires plus ou moins nombreux (racèmes). Ils sont d'abord disposés en verticille, puis étagés sur un axe de quelques centimètres. Ces épis linéaires sont dotés de longs cils épars (Akobundu et Agyakwa, 1989).

Le système racinaire fasciculée, typique des graminées, est constitué de racines adventives formant une masse dense et fibreuse (Gibson, 2009).

Figure 17 : *Digitaria horizontalis* Willd

4.4.4. Description de *Eleusine indica* (L.) Gaertn.

Eleusine indica (Figure 18), est une plante se développant en touffes denses. Avec des racines fasciculées, son enracinement est puissant et profond. Le chaume est aplati, robuste et glabre. Les feuilles sont alternes, distiques et dressées obliquement (Akobundu et Agyakwa, 1989).

Le limbe, linéaire, est pubescent sur la surface supérieure et lisse à la surface inférieure. Il est plié à la base puis aplati vers le sommet qui se termine en coin aigu (Hutchinson et Dalziel, 1972).

L'inflorescence est formée de nombreux racèmes insérés au sommet de l'axe. Les épillets sont disposés en deux rangées sur la face inférieure du rachis (Clayton et Renvoize, 1986).

Figure 18 : *Eleusine indica* (L.) Gaertn.

Chapitre 5 : Vers une gestion durable de l'enherbement en bas-fonds

5.1. Gestion de l'enherbement dans les bas-fonds

La gestion des mauvaises herbes dans les bas-fonds constitue un enjeu agronomique majeur en raison des conditions écologiques particulières de ces milieux, caractérisées par une forte humidité du sol, une fertilité généralement élevée et une dynamique hydrique variable. Ces conditions favorisent le développement d'une flore adventice abondante et diversifiée, souvent composée d'espèces hygrophiles et hélophytes présentant une forte capacité de compétition vis-à-vis des cultures. Dans ce contexte, les stratégies de lutte doivent être spécifiquement adaptées afin de limiter la nuisibilité des adventices tout en préservant l'équilibre écologique et hydrique des bas-fonds. Différentes techniques de lutte sont applicables.

5.1.1. Méthodes culturales

Elles reposent sur la modification des pratiques agricoles afin de créer des conditions défavorables au développement des adventices et favorables à la culture. Parmi ces méthodes, on distingue : la rotation des cultures, l'augmentation de la densité de semis, la gestion de la fertilité des sols, ainsi que la gestion de l'eau.

- Rotation culturale

La rotation des cultures permet de rompre les cycles biologiques des adventices en modifiant successivement les conditions du milieu. En effet, l'alternance de cultures aux exigences écologiques et aux itinéraires techniques différents, perturbe les stratégies d'adaptation des adventices. Ainsi, des espèces favorisées par une culture donnée deviennent moins compétitives lors de l'introduction d'une nouvelle culture aux exigences différentes, ce qui entraine une diminution progressive de leur abondance (Weisberger *et al.*, 2019). Cette stratégie est particulièrement efficace dans les systèmes maraîchers, où la répétition d'une même culture favorise la dominance de flores adventices spécifiques.

- ❖ Augmentation de densité

L'augmentation de la densité de semis vise à renforcer la capacité compétitive de la culture vis-à-vis des adventices. Une couverture rapide et dense du sol, limite la lumière disponible pour les adventices et réduit leur croissance (Liebman & gallandt, 1997). Dans des cultures rampantes comme la patate douce, une densité bien ajustée favorise également la fermeture rapide du couvert végétal, contribuant à ralentir la croissance des adventices.

- ❖ Gestion de fertilité

La gestion de la fertilité des sols influence la compétition culture–adventices. En effet, des apports non ciblés ou excessifs d'azote peuvent favoriser certaines adventices nitrophiles au détriment de la culture. À l'inverse, une fertilisation raisonnée, adaptée aux besoins spécifiques de la culture et au stade phénologique, permet de renforcer sa compétitivité tout en limitant l'expression des adventices dominantes (DiTomaso, 1995 ; Liebman *et al.*, 2001).
Par ailleurs, la gestion de l'eau joue un rôle stratégique dans ces milieux, notamment à travers l'inondation contrôlée ou le drainage temporaire, qui permet de perturber le cycle biologique de nombreuses espèces adventices typiques des bas-fonds.

5.1.2. Méthodes physiques

Les luttes mécanique et manuelle figurent parmi les méthodes de gestion les plus couramment utilisées par les producteurs de bas-fonds, en particulier dans les systèmes agricoles à faible mécanisation. Ces méthodes sont bien adaptées aux conditions hydromorphes et à la petite taille des parcelles, où l'accès aux équipements lourds est limité (FAO, 2003 ; Becker & johnson, 2001).
Le sarclage manuel, réalisé à l'aide d'outils simples tels que la houe, la daba, la machette etc. permet un contrôle direct des adventices, notamment en

début de cycle cultural, période critique pour la compétition culture–adventices.
Le désherbage mécanique léger, utilisant des outils comme la charrue ou une sarcleuse, contribue quant à lui à perturber les adventices installées et à enfouir partiellement leurs graines. Toutefois, son efficacité dépend des facteurs environnementaux, notamment l'humidité du sol et sa texture (Zawada *et al.*, 2023). Il doit être raisonnée afin d'éviter la dégradation de la structure des sols de bas-fonds.

5.1.3. Méthodes chimiques

La lutte chimique, basée sur l'utilisation d'herbicides, peut être envisagée en bas-fonds mais doit être appliquée avec une grande prudence. La proximité de l'eau et la saturation fréquente des sols augmentent les risques de contamination des eaux de surface et des nappes phréatiques, ainsi que les effets toxiques sur les organismes aquatiques (Bérard et pelté, 1999 ; Yang *et al.*, 2021). Pour cette raison, les organismes internationaux recommandent un usage strictement raisonné des herbicides, privilégiant des applications ciblées et intégrées à d'autres méthodes de contrôle. Des méthodes de traitement de pré levé sont également recommandées.

5.2. Recommandations pour les maraîchers et conseillers agricoles

Dans les systèmes agricoles à faibles ressources, en particulier les systèmes maraîchers, la gestion des adventices doit prioritairement s'appuyer sur des méthodes peu coûteuses, efficaces et respectueuses de l'environnement, afin de répondre aux contraintes économiques et écologiques auxquelles font face les petits exploitants (Sims *et al.*, 2018). Ces contraintes sont particulièrement marquées dans les bas-fonds où les contraintes économiques des producteurs se combinent à des conditions écologiques favorables au développement des adventices.
À Anyama, les bas-fonds exploités pour la culture de la patate douce sont ainsi soumis à une forte pression adventice, entraînant une réduction significative de la productivité des systèmes de culture (Mangara *et al.*, 2023).

Dans ce contexte, une approche exclusivement curative, c'est-à-dire fondée uniquement sur l'élimination des adventices déjà installées, ne prend pas en compte le fonctionnement du milieu. Elle n'agit donc pas sur les causes écologiques de l'infestation et entraine la récurrence des adventices (Ameena *et al.*, 2025). Il apparait donc nécessaire de préconiser un contrôle des adventices basé sur le fonctionnement écologique du milieu (Liebman & gallandt, 1997 ; Boinot *et al.*, 2024).
La gestion de l'eau constitue un levier central de la gestion écologique des adventices dans les bas-fonds ; l'inondation temporaire, le maintien de l'humidité ou le drainage peuvent être utilisés pour perturber le cycle biologique des espèces dominantes (Hill *et al.*, 2001 ; Chauhan, 2012). L'observation des réponses des adventices aux variations hydriques permet ainsi, d'ajuster progressivement les pratiques culturales.
Le désherbage manuel demeure nécessaire, mais son efficacité repose sur des interventions précoces et planifiées (FAO, 2003 ; Akobundu, 1997).
L'usage des herbicides doit être limité en raison de leurs impacts environnementaux, de leur coût et des risques de développement de résistances ; lorsqu'il est indispensable, il doit être strictement encadré et intégré à une stratégie globale non chimique (Harker & O'Donovan, 2013 ; Mortensen *et al.*, 2012).

5.3. Propositions pour une gestion intégrée des adventices

La gestion intégrée des adventices en bas-fonds maraîchers doit d'abord reposer sur l'identification des espèces adventices présentes, de leur cycle biologique et de leurs modes de reproduction. Cette étape est essentielle pour choisir des méthodes de lutte adaptées et éviter des interventions inefficaces ou coûteuses.
Sur cette base, on peut choisir d'intervenir à plusieurs niveaux pour contrôler les adventices, en combinant leur caractéristiques biologiques, les contraintes propres du bas-fond et les pratiques agronomiques. Ici, il est nécessaire de préciser l'idée fondamentale de la lutte qui vise à un meilleur contrôle des mauvaises herbes, et non pas la recherche de leur éradication. Dans cette perspective, la gestion intégrée des mauvaises herbes, doit mobiliser une combinaison cohérente et complémentaire de leviers de lutte,

incluant des pratiques culturales, mécaniques, écologiques et préventives, adaptées aux contraintes spécifiques des bas-fonds maraîchers et aux pratiques paysannes locales (Liebman *et al.*, 2001). Par exemple, l'on adaptera l'humidité du sol, en utilisant la topographie du bas-fond, selon que les adventices majeures sont hygrophiles ou pas. L'on pourrait adapter le calendrier cultural, de sorte à faire coïncider les interventions agricoles avec les périodes ou les adventices sont les plus vulnérables et la culture la plus compétitive. Selon les pratiques agronomiques de la culture, l'on peut également déclencher une méthode de lutte contre les adventices. A titre d'exemple, à Anyama, les paysans cultivent la patate douce dans les bas-fonds, principalement pour les feuilles qui sont utilisées comme légumes feuilles. Ainsi, ils récoltent toutes les feuilles une fois qu'elles sont à maturité, et cela est répété jusqu'à ce que la biomasse des feuilles produites soient très faibles. Cependant, cette pratique provoque une ouverture temporaire du couvert végétal, favorisant la pénétration de la lumière au sol et la levée des adventices. Afin de réduire cet effet, les populations doivent maintenir une partie du feuillage pour assurer un minimum de recouvrement du sol et réaliser un sarclage post-récolte rapide, avant l'installation durable des adventices.

Par ailleurs, le désherbage manuel précoce et planifié reste indispensable. Les interventions réalisées aux premiers stades de développement des adventices sont plus efficaces, réduisent la charge de travail et limitent la production de graines des adventices.

5.4. Piste de recherche futures

Dans l'optique d'une gestion durable des adventices de ces bas-fonds, des recherches plus poussées doivent être menées sur le mode d'infestation de ces adventices, l'influence des pratiques culturales sur la dynamique de ces adventices, ainsi que l'évaluation du stock semencier du sol. Il est surtout nécessaire de conduire des études portant sur l'influence des fluctuations d'humidité sur la dynamique de dominance des adventices dans ces bas-fonds. Ces recherches complémentaires permettront d'anticiper l'infestation des parcelles, ce qui éviterait un enherbement excessif, difficile à contrôler.

RÉFERENCES BIBLIOGRAPHIQUES

Aké-Assi L., 2001. Flore de la Côte d'Ivoire : catalogue systématique, biogéographie et écologie. *Volumes* 1 : *Mémoire de Botanique systématique. Conservatoire et Jardin Botanique de Genève* ; *Boisseria* 57 ; 396 p.

Akobundu I. O., 1987. Weed science in the Tropics. Principles and practices. Chichester, J. Wiley & Sons Editions. 522 p.

Akobundu, I. O. & Agyakwa C. W., 1989. A handbook of West African weeds. International Institute of Tropical Agriculture (IITA).

Ameena M., Deb A., Sethulakshmi V. S., Sekhar L., Susha V. S., Kalyani M. S. R. & Umkhulzum F., 2025. Weed ecology: Insights for successful management strategies : A review. *Agricultural Reviews*, 46(4), 655–662. https://doi.org/10.18805/ag.R-2661.

Anonyme 1, 2012. Gravure de fleurs addisonia. Consulté le 12 janvier 2022, sur http://informations-documents.com/ environnement/coppermine15x/diplayimage.php?pid=3492

Barralis G. 1977. Seuils de nuisibilité des mauvaises herbes. Nuisibilité directe. *Phytoma* : 11- 15.

Becker, M., & Johnson, D. E., 2001. Cropping intensity effects on weed communities in lowland rice. *Field Crops Research*, 69(2), 145–159.

Bérard A. & Pelté T., 1999. Les herbicides inhibiteurs du photosystème II, effets sur les communautés algales et leur dynamique. *Journal of Water Science*, 12(2), 333–361. https://doi.org/10.7202/705355ar

Berton S., 1988. La maîtrise des crues dans les bas-fonds, petits et micro-barrages en Afrique de l'Ouest ; GREF, CF, ACCT 475 pages.

Boinot S., Alignier A. & Storkey J., 2024. Landscape perspectives for agroecological weed management: *A review. Agronomy for Sustainable Development*, 44, Article 7. https://doi.org/10.1007/s13593-023-00941-5

Bosso A.V., Sika N.A., Kwadjo K.E. et Pokou K.P., 2020. Caractérisation des systèmes de cultures maraichères dans deux localités du district d'Abidjan (Anyama et Port-bouët) au Sud de la Côte d'Ivoire. *Reb-pasres*, 5 : 41-50.

Chauhan B. S., 2012. Weed ecology and weed management strategies for dry-seeded rice in Asia. *Weed Technology*, 26(1), 1–13.

Chicouène D., 2000. Stratégies de lutte contre les mauvaises herbes : préventives ou curatives I. Aperçu des bases de raisonnement, *Phytoma – La défense des végétaux*, 532 : 12-16.

Clayton W. D. & Renvoize S. A., 1986. Genera graminum : Grasses of the world. Kew Bulletin Additional Series XIII. Royal Botanic Gardens, Kew.

Daget P. et Poissonet J., 1969. Analyse phytologique des prairies. Applications agronomiques. Montpellier, CNRS, CEPE. Document N° 48, 67 p.

Dibi K. E. B., Essis B. S. et Nzue B., 2015. Manuel de formation des agents de développement et des producteurs. Consulté le 12 janvier 2022, sur http://www.sweetpotatoknowledge.org/wp-content/uploads/2017/05/Manuel-de-formation-sur-la-patate-douce-1.pdf

Dibi K. E. B., Essis B. S., N'zué B., Kouakou A. M., Zohouri G. P, Assouan A. B. & Mourik T. V., 2017. Participatory selection of orange-fleshed sweetpotato varieties in north and north-east Côte d'Ivoire. *Open Agriculture*, 2 : 83–90.

DiTomaso, J. M., 1995. Approaches for improving crop competitiveness through the manipulation of fertilization strategies. *Weed Science*, 43(3), 491-497.

FAO, 2003. Weed management for developing countries. FAO Plant Production and Protection. Paper 120. Rome.

FAOSTAT, 2022. Base de données FAO. Consulté le 19/12/2025, sur https://www.fao.org/faostat/fr/#data/QCL

Gibson, D. J., 2009. Grasses and grassland ecology. Oxford University Press.

Guinochet M., 1973. Phytosociologie. Edition Masson et Cie, 226 p.

Harker, K. N. & O'Donovan J. T., 2013. Recent weed control, weed management, andintegrated weed management. *Weed Technology*, 27(1), 1–11. https://doi.org/10.1614/WT-D-12-00109.1

Hill J. E., Mortimer M., Namuco O. S. & Janiya J. D., 2001. Water management in rice: Weeds. *International Rice Research Notes*, 26(2), 3–6.

Holm L.R.G., Plucknett D.L., Pancho J.V. et Herberger J.P., 1977. The world's worst weeds-distribution and biology. East-west Center, university Press of Hawaii, Honollulu, Hawaii ; 609 p.

Hutchinson J. & Bosso Dalziel J. M., 1954-1972. Flora of West Tropical Africa. London, Keay R.W. Jand Hepper F.N. (Eds), 3 ; 828 p.

INS, 2022. Recensement Général de la Population et de l'Habitat (RGPH 2021) – Résultats par sous-préfecture : Anyama. République de Côte d'Ivoire. *Données publiées dans le rapport général du RGPH 2021.*

Ipou Ipou J., 2005. Biologie et écologie de *Euphorbia heterophylla L.* (Euphorbiaceae) en culture cotonnière, au nord de la Côte d'Ivoire. *Thèse de doctorat : Ecologie, malherbologie. Université de Cocody -ABIDJAN*, 200 p.

Jin Y. R., Lee M. S., Lee J. H., Hsu H. K., Lu J. Y., Chao S. S., Chen K. T., Liou S. H., et Ger L. P., 2007. Intake of vitamin A-rich foods and lung cancer risk in Taiwan : with special reference to garland chrysanthemum and sweet potato leaf consumption. *Asia Pacific Journal of Clinical Nutrition*, 16 : 477-88.

Johnson D. E., 1997. Weeds of rice in West Africa. Bouaké, Côte d'Ivoire : West Africa Rice Development Association (WARDA).

Koch W., Beshir M. E., et Unterladstatter R., 1982. Crop losses due to weeds. Improving weed management. *FAO, Plant Production and Protection Paper*, 44 : 135 - 165.

Konan D., 2016. Etude de la dynamique floristique, structurale et du potentiel germinatif du stock semencier du sol de la forêt classée de YAPO-ABBE : contribution pour une gestion durable des forêts classées de la Côte d'Ivoire. *Thèse de docteur en sciences de la nature de l'Université Nangui Abrogoua spécialité : écologie végétale, option : foresterie et aménagement.* 237 p.

Konan J. K. A., 2017. Compétition entre bâti et agriculture dans la conquête des bas-fonds de la ville de Bouaké : le savoir-faire ou les actions stratégiques des citadins – agriculteurs pour préserver les espaces agricoles. *VertigO - la revue électronique en sciences de l'environnement.* http://journals.openedition.org/vertigo/18302

Koutoua A. J., 2019. Planification urbaine et développement du grand Abidjan : cas des villes d'Anyama, de Bingerville et de Grand-bassam. *Thèse de doctorat : Urbanisation et Population. Université Felix Houphouët Boigny*, 342 p.

Le Bourgeois T. & Merlier H., 1995. Adventrop. Les adventices d'Afrique soudanosahé-lienne. Montpellier, France, CIRAD-CA éditeur, 640 p.

Le Bourgeois T., 1993. Les mauvaises herbes dans la rotation cotonnière au Nord-Cameroun (Afrique) : Amplitude d'habitat – Degré d'infestation - Phénologie. *Thèse de doctorat, université de Montpellier II, Sciences et techniques du Languédoc,* 249 p.

Le Bourgeois T., Grard P., Marnotte P. et Rodenburg J. 2014. Amélioration de la gestion de l'enherbement des rizières en Afrique par le partage de l'information et l'aide à l'identification des adventices : le potentiel de la plateforme collaborative AFROWeeds. Consulté le 12 décembre 2020, sur http://www.africarice.org

Liebman M. & Gallandt E. R., 1997. Many little hammers: ecological management of crop–weed interactions. In L. E. Jackson(Ed.), *Ecology in agriculture* : 291-343. Academic press.

Liebman M., Mohler C. L. & Staver C. P., 2001. Ecological management of agricultural weeds. *Cambridge University Press.*

Maillet J., 1981. Evolution de la flore adventice dans le Montpelliérais sous la pression des techniques culturales. *Thèse de doctorat, USTL, Montepellier (France),* 200 p.

Mangara A., Bamba M., Konaté M. L. & Koné M., 2023. Identification of weeds in sweet potato crops (*Ipomoea batatas* L.) in the lowlands of Côte d'Ivoire. *Moroccan Journal of Agricultural Sciences*, 4(3), 103–109. https://doi.org/10.5281/zenodo.8318750

Merlier H. & Montégut J., 1982. Adventices tropicales. ORSTOM, CIRAD–GERDAT, ENSH, Montpellier, France, 490 p.

Mohler C. L. & Johnson S. E., 2009. Crop rotation on organic farms : a planning manual. Ithaca, NY : Natural Resource, Agriculture, and Engineering Service (NRAES) Cooperative Extension, 165 p.

Mortensen D. A., Egan J. F., Maxwell B. D., Ryan M. R. & Smith R. G., 2012. Navigating a critical juncture for sustainable weed management. *BioScience*, 62(1), 75–84. https://doi.org/10.1525/bio.2012.62.1.12

Navas M. L., 2012. Trait-based approaches to unravelling the assembly of weed communities and their impact on agro-ecosystem functioning. *Weed Research,* 52 ; 479-488.

Nusbaumer L., 2003. Structure et composition floristique de la forêt classée de Scio (Côte d'Ivoire). Etude descriptive et comparative, 153 p.

Raunet M., 1985. Bas-fonds et riziculture en Afrique-Approche structurale comparative. *Agronomie tropicale*, 40 (3) : 181-201.

Raunkiaer S., 1905. Types biologiques pour la géographie botanique. *Kongelige Danske Videnskabernes Selskabs forhandlinger*, 5 : 347-437.

Raunkiaer S., 1934. The life forms of plants and statistical plant geography. *Clarendon Press. Oxford;* 623 p.

Scouppe M., 2011. Composition floristique et diversité de la végétation de la zone Est du Parc National de Taï (Côte d'Ivoire). *Master Université de Genève*. 194 p.

Sims B., Corsi S., Gbehounou G., Kienzle J., Taguchi M. & Friedrich T., 2018. Sustainable weed management for conservation agriculture : Options for smallholder farmers. *Agriculture*, 8(8), 118. https://doi.org/10.3390/agriculture8080118

Sørensen T., 1948. A method of establishing groups of equal amplitude in plant sociology based on similarity of species content. *Det Kongelige Danske Videnskabernes Selskabs Kopenhague, Biologiske Skrifter*, 5 (4) : 1-34.

Traoré H. & Maillet J., 1992. Flore adventice des cultures céréalières annuelles du Burkina-Faso. *Weed research,* 32 : 279-293.

Wegmuller F. et Duchemin E., 2010. Multifonctionnalité de l'agriculture urbaine à Montréal : étude des discours sur la base du programme des jardins communautaires. *VertigO - la revue électronique en sciences de l'environnement*, 10 (2) : 1-24.

Weisberger, D., Nichols, V., & Liebman, M., 2019. Does diversifying crop rotations suppress weeds ? A meta-analysis. *PLOS ONE*, 14(7), e0219847. https://doi.org/10.1371/journal.pone.0219847

Yang C., Lim W. & Song G., 2021. Reproductive toxicity due to herbicide exposure in freshwater organisms. *Comparative Biochemistry and Physiology Part C: Toxicology & Pharmacology*, 248, 109103. https://doi.org/10.1016/j.cbpc.2021.109103

Zawada, M., Legutko, S., Gościańska-Łowińska, J., Szymczyk, S., Nijak, M., Wojciechowski, J., & Zwierzyński, M., 2023. Mechanical weed control systems : Methods and effectiveness. *Sustainability*, 15(21), 15206. https://doi.org/10.3390/su152115206

ANNEXES

Annexe 1 : Présentation de la fiche de relevés phytoécologiques

Date : 05/09/2021...... Âge de la parcelle : .....3 ans.............................
Relevé :...18...................... Topographie : ...Bas fond.............................
Type de culture : Patate douce Précédent cultural :..Patate douce.................
Lieu de relevé :..Ahouabo.... Nom et Prénoms du producteur :...TRAORÉ CHATTA

N°	Espèces	A/D
1	Eleusine indica	3
2	Ageratum conyzoides	2
3	Amaranthus hybridus	1
4	Commelina benghalensis	1
5	Ludwigia abyssinica	1
6	Alternanthera sessilis	3
7	Phyllanthus amarus	1
8	Digitaria horizontalis	2
9	Mimosa pudica	1
10	Cyperus rotundus	1
11	Pueraria phaseoloides	1
12	Justicia flava	2
13	Panicum laxum	1
14	Cleome viscosa	1
15	Synedrella nodiflora	1
16	Vernonia cinerea	1
17	Oldenlandia corymbosa	1
18	Kyllinga erecta	1
19	Eragrostis tenella	1
20	Fimbristylis littoralis	1
21	Porophyllum ruderale	1
22	Ludwigia hyssopifolia	1
23	Cyperus distans	1
24		
25		
26		
27		
28		
29		
30		
31		
32		
33		
34		
35		
36		
37		
38		
39		

Annexe 2 : Liste de la flore adventice des bas-fonds d'Anyama en culture de patate douce

N°	Codes	Espèces	Familles	Classes	TB
1	Achas	*Achyranthes aspera* L.	Amaranthaceae	Dicotylédone	Th
2	Acmul	*Acmella uliginosa* (Sw.) Cass.	Asteraceae	Dicotylédone	Th
3	Adeci	*Adenia cissampeloides* (Planch. ex Hook.)	Passifloraceae	Dicotylédone	mp
4	Ageco	*Ageratum conyzoides* L.	Asteraceae	Dicotylédone	Th
5	Altse	*Alternanthera sessilis* (L.) DC.	Amaranthaceae	Dicotylédone	Th
6	Amahy	*Amaranthus hybridus* L.	Amaranthaceae	Dicotylédone	Th
7	Amasp	*Amaranthus spinosus* L.	Amaranthaceae	Dicotylédone	Th
8	Aspaf	*Aspilia africana* (Pers.) C. D. Adams	Asteraceae	Dicotylédone	np
9	Asyga	*Asystasia gangetica* (L.) T. Anderson.	Acanthaceae	Dicotylédone	np
10	Axoco	*Axonopus compressus* (Sw.) P. Beauv.	Poaceae	Monocotylédone	H
11	Cassp	*Cassia sp*	Fabaceae	Dicotylédone	
12	Cenpu	*Centrosema pubescens* Benth.	Fabaceae	Dicotylédone	np
13	Cleru	*Cleome rutidosperma* DC.	Cleomaceae	Dicotylédone	Th
14	Clevi	*Cleome viscosa* L.	Cleomaceae	Dicotylédone	Th
15	Coila	*Coix lacryma-jobi* L.	Poaceae	Monocotylédone	Th
16	Coles	*Colocasia esculenta* (L.) Schott	Araceae	Monocotylédone	H
17	Combe	*Commelina benghalensis* L.	Commelinaceae	Monocotylédone	Th
18	Comdi	*Commelina diffusa* Burm.f.	Commelinaceae	Monocotylédone	Th
19	Corol	*Corchorus olitorius* L.	Malvaceae	Dicotylédone	np
20	Crohi	*Croton hirtus* L'Hér.	Euphorbiaceae	Dicotylédone	Th
21	Cyaci	*Cyanthillium cinereum* (L.) H. Rob.	Asteraceae	Dicotylédone	np
22	Cyapr	*Cyathula prostrata* (L.) Blume	Amaranthaceae	Dicotylédone	Ch
23	Cynda	*Cynodon dactylon* (L.) Pers.	Poaceae	Monocotylédone	Ch
24	Cypal	*Cyperus alternifolius* L.	Cyperaceae	Monocotylédone	H
25	Cypam	*Cyperus amabilis* Vahl	Cyperaceae	Monocotylédone	G
26	Cypha	*Cyperus haspan* L.	Cyperaceae	Monocotylédone	Th
27	Cypdi	*Cyperus difformis* L.	Cyperaceae	Monocotylédone	Th
28	Cypdi	*Cyperus distans* Linn.f.	Cyperaceae	Monocotylédone	H
29	Cyper	*Cyperus eragrostis* Lam.	Cyperaceae	Monocotylédone	H
30	Cypes	*Cyperus esculentus* L.	Cyperaceae	Monocotylédone	G
31	Cypir	*Cyperus iria* L.	Cyperaceae	Monocotylédone	Th
32	Cypli	*Cyperus ligularis* L.	Cyperaceae	Monocotylédone	Th

33	Cypro	*Cyperus rotundus* L.	Cyperaceae	Monocotylédone	H
34	Cypsp	*Cyperus sphacelatus* Rottb.	Cyperaceae	Monocotylédone	Th
35	Cysfr	*Cystopteris fragilis* (L.) Bernh.	Woodsiaceae		H
36	Dacae	*Dactyloctenium aegyptium* (L.) Willd.	Poaceae	Monocotylédone	H
37	Digho	*Digitaria horizontalis* Willd.	Poaceae	Monocotylédone	Th
38	Digis	*Digitaria ischaemum* (Schreb.) Muhl.	Poaceae	Monocotylédone	Th
39	Disro	*Dissotis rotundifolia* (Sm.) Triana	Melastomataceae	Dicotylédone	Ch
40	Dryco	*Drymaria cordata* (L.) Willd. ex Schult.	Caryophyllaceae	Dicotylédone	Ch
41	Echco	*Echinochloa colona* (L.) Link	Poaceae	Monocotylédone	Th
42	Echpy	*Echinochloa pyramidalis* (Lam.) Hitchc. & Chase	Poaceae	Monocotylédone	Th
43	Eclpr	*Eclipta prostrata* (L.) L.	Asteraceae	Dicotylédone	Th
44	Elagu	*Elaeis guineensis* Jacq.	Arecaceae	Monocotylédone	mP
45	Elein	*Eleusine indica* (L.) Gaertn.	Poaceae	Monocotylédone	H
46	Emiso	*Emilia sonchifolia* (L.) DC.ex DC.	Asteraceae	Dicotylédone	Th
47	Erate	*Eragrostis tenella* (L.) P. Beauv.ex Roem. & Schult	Poaceae	Monocotylédone	Th
48	Erica	*Erigeron canadensis* L.	Asteraceae	Dicotylédone	Th
49	Euphi	*Euphorbia hirta* L.	Euphorbiaceae	Dicotylédone	Ch
50	Euphy	*Euphorbia hyssopifolia* L.	Euphorbiaceae	Dicotylédone	Th
51	Fimli	*Fimbristylis littoralis* Gaudich.	Cyperaceae	Monocotylédone	Th
52	Fimdi	*Fimbristylis dichotoma* (L.) Vahl	Cyperaceae	Monocotylédone	H
53	Helin	*Heliotropium indicum* L.	Boraginaceae	Dicotylédone	mp
54	Hetli	*Heteranthera limosa* (Sw.) Willd.	Pontederiaceae	Monocotylédone	Th
55	Hydbo	*Hydrocotyle bonariensis* Comm. ex Lam.	Araliaceae	Dicotylédone	H
56	Hymam	*Hymenachne amplexicaulis* (Rudge) Nees	Poaceae	Monocotylédone	H
57	Ipoin	*Ipomoea involucrata* P. Beauv.	Convolvulaceae	Dicotylédone	Th
58	Jusfl	*Justicia flava* (Forssk.) Vahl	Acanthaceae	Dicotylédone	np
59	Jusse	*Justicia secunda* Vahl	Acanthaceae	Dicotylédone	np
60	Kylbr	*Kyllinga brevifolia* Rottb.	Cyperaceae	Monocotylédone	H
61	Kyler	*Kyllinga erecta* var. *africana* (Kük.) S.S.Hooper.	Cyperaceae	Monocotylédone	G
62	Kylpu	*Kyllinga pumila* Michx.	Cyperaceae	Monocotylédone	H
63	Lapae	*Laportea aestuans* (L.) Chew	Urticaceae	Dicotylédone	Th

64	Lapca	*Laportea canadensis* (L.) Weddell	Urticaceae	Dicotylédone	Th
65	Leeor	*Leersia oryzoides* (L.) Sw.	Poaceae	Monocotylédone	H
66	Lindi	*Lindernia diffusa* (L.) Wettst.	Linderniaceae	Dicotylédone	Ch
67	Ludab	*Ludwigia abyssinica* A. Rich.	Onagraceae	Dicotylédone	np
68	Ludgr	*Ludwigia grandiflora* (Michx.) Greuter & Burdet	Onagraceae	Dicotylédone	Hl
69	Ludhy	*Ludwigia hyssopifolia* (G. Don) Exell	Onagraceae	Dicotylédone	Th
70	Ludoc	*Ludwigia octovalvis* (Jacq.) P. H. Raven	Onagraceae	Dicotylédone	Th
71	Marcy	*Mariscus cylindristachyus* Steud.	Cyperaceae	Monocotylédone	H
72	Marfl	*Mariscus flabelliformis* Kunth	Cyperaceae	Monocotylédone	H
73	Marqu	*Marsilea quadrifolia* L.	Marsileaceae		G
74	Mimpu	*Mimosa pudica* L.	Fabaceae	Dicotylédone	np
75	Mimqu	*Mimosa quadrivalvis* L.	Fabaceae	Dicotylédone	Ch
76	Nelca	*Nelsonia canescens* (Lam.) Spreng.	Acanthaceae	Dicotylédone	Ch
77	Ocica	*Ocimum canum* Sims	Lamiaceae	Dicotylédone	Th
78	Oldco	*Oldenlandia corymbosa* L.	Rubiaceae	Dicotylédone	Ch
79	Oldhe	*Oldenlandia herbacea* (L.) Roxb.	Rubiaceae	Dicotylédone	Ch
80	Oxaba	*Oxalis barrelieri* L.	Oxalidaceae	Dicotylédone	Ch
81	Panla	*Panicum laxum* Sw.	Poaceae	Monocotylédone	Th
82	Panma	*Panicum maximum* Jacq.	Poaceae	Monocotylédone	H
83	Panre	*Panicum repens* L.	Poaceae	Monocotylédone	G
84	Pasco	*Paspalum conjugatum* P. J. Bergius	Poaceae	Monocotylédone	Ch
85	Pasfo	*Passiflora foetida* L.	Passifloraceae	Dicotylédone	np
86	Peppe	*Peperomia pellucida* (L.) Kunth	Piperaceae	Dicotylédone	Th
87	Perde	*Persicaria decipiens* (R. Br.) K. L. Wilson	Polygonaceae	Dicotylédone	H
88	Phyam	*Phyllanthus amarus* Schum. & Thonn.	Phyllantaceae	Dicotylédone	np
89	Phyan	*Physalis angulata* L.	Solanaceae	Dicotylédone	np
90	Porru	*Porophyllum ruderale* (Jacq.) Cass.	Asteraceae	Dicotylédone	Th
91	Pueph	*Pueraria phaseoloides* (Roxb.) Benth.	Fabaceae	Dicotylédone	mp
92	Rhyre	*Rhynchelytrum repens* (Willd.) C. E. Hubb.	Poaceae	Monocotylédone	Th
93	Ricco	*Ricinus communis* L.	Euphorbiacea	Dicotylédone	np

94	Sarla	*Sarcocephalus latifolius* (Sm.) E. A. Bruce	Rubiaceae	Dicotylédone	mp
95	Sclsp	*Scleria sp*	Cyperaceae	Monocotylédone	
96	Scodu	*Scoparia dulcis* L.	Scrophulariaceae	Dicotylédone	Ch
97	Senoc	*Senna occidentalis* L.	Fabaceae	Dicotylédone	Ch
98	Setba	*Setaria barbata* (Lam.) Kunth	Poaceae	Monocotylédone	Th
99	Sidrh	*Sida rhombifolia* L.	Malvaceae	Dicotylédone	np
100	Solam	*Solanum americanum* Mill.	Solanaceae	Dicotylédone	H
101	Solto	*Solanum torvum* Sw.	Solanaceae	Dicotylédone	np
102	Solmo	*Solenostemon monostachyus* (P. Beauv.) Briq.	Lamiaceae	Dicotylédone	np
103	Spela	*Spermacoce latifolia* Aubl.	Rubiaceae	Dicotylédone	Th
104	Synno	*Synedrella nodiflora* (L.) Gaertn.	Asteraceae	Dicotylédone	Th
105	Taltr	*Talinum triangulare* (Jacq.) Willd.	Portulacaceae	Dicotylédone	np
106	Torth	*Torenia thouarsii* (Cham. & Schltdl.) Kuntze	Scrophulariaceae	Dicotylédone	Th
107	Trima	*Tristemma mauritianum* J. F. Gmel.	Melastomataceae	Dicotylédone	np
108	Trirh	*Triumfetta rhomboidea* Jacq.	Malvaceae	Dicotylédone	Ch
109	Veram	*Vernonia amygdalina* Delile	Asteraceae	Dicotylédone	np
110	Verci	*Vernonia cinerea* (L.) Less.	Asteraceae	Dicotylédone	np